BEI GRIN MACHT SICH IHR WISSEN BEZAHLT

- Wir veröffentlichen Ihre Hausarbeit, Bachelor- und Masterarbeit

- Ihr eigenes eBook und Buch - weltweit in allen wichtigen Shops

- Verdienen Sie an jedem Verkauf

Jetzt bei www.GRIN.com hochladen und kostenlos publizieren

Bibliografische Information der Deutschen Nationalbibliothek:

Die Deutsche Bibliothek verzeichnet diese Publikation in der Deutschen National-
bibliografie; detaillierte bibliografische Daten sind im Internet über http://dnb.d-
nb.de/ abrufbar.

Impressum:

Copyright © 2010 GRIN Verlag, Open Publishing GmbH
Druck und Bindung: Books on Demand GmbH, Norderstedt Germany
ISBN: 978-3-656-10582-4

Dieses Buch bei GRIN:

http://www.grin.com/de/e-book/186960/call-center-entwicklung-standorte-und-
funktionale-bedeutung-in-deutschland

Isabella Melchert

Call Center. Entwicklung, Standorte und funktionale Bedeutung in Deutschland

GRIN Verlag

GRIN - Your knowledge has value

Der GRIN Verlag publiziert seit 1998 wissenschaftliche Arbeiten von Studenten, Hochschullehrern und anderen Akademikern als eBook und gedrucktes Buch. Die Verlagswebsite www.grin.com ist die ideale Plattform zur Veröffentlichung von Hausarbeiten, Abschlussarbeiten, wissenschaftlichen Aufsätzen, Dissertationen und Fachbüchern.

Besuchen Sie uns im Internet:

http://www.grin.com/

http://www.facebook.com/grincom

http://www.twitter.com/grin_com

RWTH Aachen

Geographisches Institut

Hauptseminar: Zukunftspfade moderner Telekommunikation

Wintersemester 2010/2011

Hausarbeit

17.10.2010

Call Center: Entwicklung, Standorte und funktionale Bedeutung in Deutschland

Isabella Melchert

Isabella Melchert

5. Semester

Studienfach: B.Sc. Angewandte Geographie

Inhaltsverzeichnis

Abbildungs-, Diagramm-, Karten- und Tabellenverzeichnis

Abkürzungsverzeichnis

ACD	Automatic Call Distribution
ANI	Automatic Number Identification
AT&T	American Telephone & Telegraph Corporation Inc.
B2B	Business-to-Business
CTI	Computer Telephony/Telephone Integration
DDV	Deutscher Direktmarketing Verband e.V.
IVR	Interactive Voice Response
LAN	Local Area Network

1   Einleitung

Call Center sind mit der Entwicklung von der Industriegesellschaft über die Dienstleistungs-
gesellschaft bis hin zur Informationsgesellschaft sowohl eine Voraussetzung als auch ein
Produkt des Informationszeitalters geworden. Dass die Call Center-Branche vom Wachstum
geprägt ist, wird seit Beginn der neunziger Jahren immer öfter deklariert, und niemand würde
angesichts der Vielzahl von Call Center-Gründungen und der Beschäftigtenentwicklung die
Richtigkeit dieser Beobachtung anzweifeln.
Dennoch stellt sich die Frage, wie genau dieser Boom aussieht und welche langfristigen Zu-
kunftsaussichten sich mit dem derzeitigen Wachstum verbinden. Call Center vom alten Typ
können der raschen Verbreitung des Internets nicht standhalten. Stattdessen ist Anpassung
an neue Marktgegebenheiten der aktuelle Trend. Call Center entwickeln sich durch Erweiterungen neuer Kontaktarten wie Email, Internet und SMS zu multimedialen Call Centern der
Zukunft.

Die folgende Arbeit befasst sich mit der Entwicklung, den Standorten und der funktionalen
Bedeutung von Call Centern in Deutschland. Dazu wird nach einer Definition (Kapitel 2) des
Call Center-Begriffs in Kapitel 3 zuerst die historische Sicht der Call Center näher beleuchtet,
bevor auf die verschiedenen Ausprägungen der Anrufrichtung und der Angehörigkeit von
Call Centern näher eingegangen wird. Die Entwicklung der Anzahl an Call Centern, deren
sozialversicherungspflichtig Beschäftigten sowie des Umsatzvolumens und der Kernbranchen runden das Kapitel ab. Welche räumlichen Verteilungsmuster von Call Center-
Standorten in Deutschland vorliegen und warum gerade die Call Center-Branche für Mecklenburg-Vorpommern und Hamburg so wichtig ist, wird in Kapitel 4 näher erläutert. Nach der
funktionalen Bedeutung von Call Centern im Hinblick auf die technischen Komponenten, den
Kontaktarten und der Arbeitsorganisation in Kapitel 5 wird im letzten Kapitel ein Fazit gezo-
gen.

2   Definition des Begriffs Call Center

Die Durchsetzung der Anglizismen lässt sich auch in der Begrifflichkeit der Call Center wiederfinden. Telefonzentrale oder Anrufzentrale als deutsche Bezeichnungen konnten sich aufgrund mangelndem innovativen Charakter nicht durchsetzen.

Ein Call Center ist nach Fojut (2008:44) „[e]in Ort, von dem aus Anrufe in großer Menge getätigt beziehungsweise entgegengenommen werden". Call Center dienen als Anlaufstellen, in denen Kommunikation von und zu Kunden zusammengefasst und im Idealfall effizient organisiert ist. Dabei findet Kommunikation vordergründig auf Basis der Telefonie statt, kann aber beiderseits auch auf Basis von Email, Fax, Internet oder Brief erfolgen. Ziele von Call Center liegen in der Führung von serviceorientierten und effizienten Dialogen zwischen den Unternehmen und deren Kunden, Interessenten und Lieferanten sowie in der wirtschaftlichen Optimierung mit Einsatz modernster Telekommunikationstechniken (Thieme/Steffen 1999:39).

Als Kernpunkt aller Definitionen lassen sich die Begriffe EDV-Technik, Telekommunikationsanlage, Kundenorientierung, Personal und Organisation ableiten (Abb. 1). Ein Call Center ist fest in die Ablauforganisation seines Unternehmens eingebunden. Für die hohen kommunikativen Anforderungen ist ein entsprechend geschultes und motiviertes Personal angestellt, welches sich für ein kundenorientiertes Verhalten verpflichtet. Servicekonzepte und Zielsetzungen wirken auf den Call Center-Kreislauf ebenso wie Kundenzufriedenheit ein (Thieme/Steffen 1999:39)

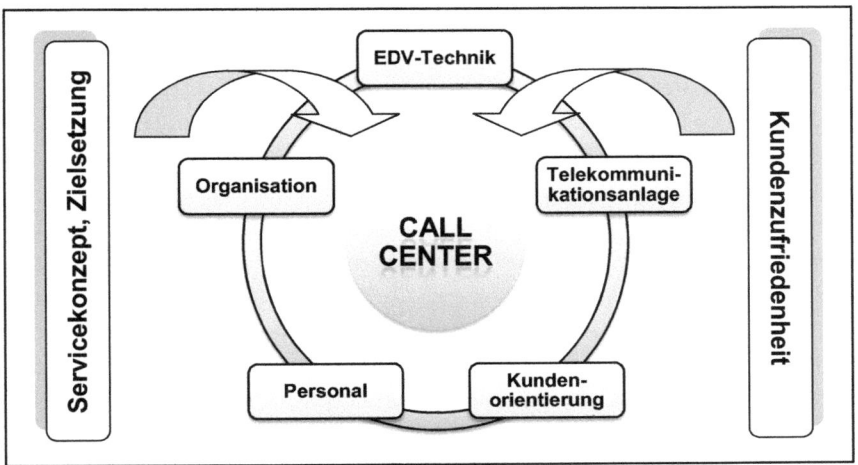

Abb. 1: Die fünf Kernelemente des Call Center (eigene Darstellung nach Thieme/Steffen 1999:38).

3   Entwicklung der Call Center

Das frühe 20. Jahrhundert ist geprägt von Prozessen: die Erfindung der mit Dampf betriebenen Lokomotive ermöglichte es, Kontinente in nur wenigen Tagen zu durchreisen. Dank Henry Ford ist automobile Fortbewegung kein Menschheitstraum mehr, und auch fliegen ist seit dem Jahr 1903 nichts mehr Unmögliches (Cleveland 2008:3).

Auch Call Center haben eine durchaus interessante Entwicklung seit den frühen siebziger Jahren durchlebt. Neben der Anrufrichtung (Inbound und Outbound, Punkt 3.2) entwickelte sich auch die Angehörigkeit von Call Centern (Inhouse, Outsourcing und Offshoring, Punkt 3.3). Und der neue Trend hin zu virtuellen Standorten (Punkt 3.4) ist mit Sicherheit nicht der letzte. Mit einhergehend ist eine Entwicklung bei der Anzahl an Call Centern, deren sozialversicherungspflichtig Beschäftigten, des Umsatzvolumens und der Kernbranchen (Punkt 3.5) festzustellen.

3.1   Historische Entwicklung seit Anfang des 20. Jahrhunderts

Geschwindigkeit wuchs zu einem einflussreichen wirtschaftlichen und gesellschaftlichen Mittel heran. Hinter diesem Hintergrund gewann das Telefon, das in 1876 erstmals seine praktische Anwendung durch Alexander Graham Bell und Thomas A. Watson erlebte, an großer Bedeutung. „As fast as an airplane could fly between two points, the telephone could 'get you there' even faster" (Cleveland 2008:3). Schon bald folgten erste Errichtungen von Telefonzentralen, Telefonvermittlungen und später auch Auskunfts- und Ansagedienste. Doch die Geburtsstunde der Call Center als Zentralen der computergestützten Telekommunikation mit Kunden lässt sich nicht exakt datieren. Einige Autoren legen sich hier auf die späten Sechziger Jahre und die USA als ‚Geburtsland' der Call Center fest. Aufgrund eines Gerichtsurteils musste Henry Ford damals eine kostenlose Telefonnummer für Kundenreklamationen einrichten. Daraufhin wurde die erste 0800er-Nummer der Welt durch den nordamerikanischen Telekommunikationskonzern AT&T eingeführt (Oberlindober 2001:25). Das US-amerikanische Unternehmen Rockwell Electronic Commerce realisierte 1973 für die US-Fluglinie Continental Airlines das weltweit erste Call Center mit Hauptverwendungszweck in den Bereichen Ticketreservierung und Fluginformation (Emde/Wissdorf 2001:131).

Die Kombination von Telefonie und PC-Arbeit lag nach Einführung der Computer und Microsoft-Programmen in den achtziger Jahren nahe (Oberlindober 2001:25). Laut einer im Internet veröffentlichten Studie geht die Entstehung der Call Center auf eine Phase der Rezession in den USA zwischen 1987 und 1991 zurück: „It was the restructure of corporate America which lead to the current Call Centre boom, in fact prior to 1990 the term 'Call Center' didn't exist" (Kjellerup 1999:Abs. 2). Die Unternehmen waren aufgrund der anhaltenden Rezession mit hoher Arbeitslosigkeit gezwungen, zu rationalisieren, die Arbeit zu verbilligen und parallel die Kundenwerbung und den Verkauf zu intensivieren. Die ersten Call Center wurden folglich als Betriebsstätten des Massenvertriebs und der Telekommunikation mit den Kunden für den Niedriglohnsektor konzipiert (Oberlindober 2001:25).

Der Bedarf an Telekommunikation ist in Europa, speziell in Deutschland, erst viel später entstanden. In den USA waren vor allem die stark zentralistisch ausgerichteten Großunternehmen darauf angewiesen, mit ihren Kunden über Medien in Dialog zu treten. In Deutschland war die Struktur der Unternehmen viel stärker mittelständisch geprägt und der Kundenkontakt wurde zum großen Teil über Außendienstmitarbeiter und Filialen sichergestellt. Nach dem Zweiten Weltkrieg musste der Aufbau der Netzstrukturen neu begonnen werden, was gerade für Deutschland ein Vorteil war, denn das Bundesgebiet verfügt bis heute über ein nahezu hundertprozentig flächendeckendes digitales Telefonnetz, während die USA vorerst weitgehend analog blieb (Menzler-Trott 1999:178-179).

Die Einführung des ersten Call Centers in Deutschland ist auf die Citibank (heute Targobank) zu Beginn der neunziger Jahre zurückzuführen, als diese aus der Kundenkreditbank KKB mit einem eher schlechten Image hervorging. Die Implementierung eines Call Centers sollte vordergründig zur Umverteilung der Face-to-Face-Geschäfte auf Geschäfte per Telefon dienen, um rationalisieren zu können. Doch schon bald erkannte man auch anderen Nutzen an Call Centern (Oberlindober 2001:32). „Noch heute werden Call-Center häufig mit Telefonsexzentralen verwechselt" (Oberlindober 2001:33).

Die klassischen Call Center, bei denen der telefonische Kontakt und der Kontakt per Fax zum Kunden dominieren, erweitern ihre Kommunikationsbasis immer öfter durch Email, Chat und Click-to-Call. Bei letzterem handelt es sich um eine Möglichkeit des Einleitens eines Telefongespräches direkt aus einer Internetseite heraus via Klick auf einen Button oder einer Zeichenfolge, die mit einem Hyperlink versehen sind und zur direkten Telefonnummernwahl weiterleiten. Aufgrund dieser telekommunikativen Entwicklung entstehen fortlaufend zeitgemäße Bezeichnungen für die einst klassischen Call Center: *Contact Center*, *Interaction Center*, *Customer Care Center*, *Customer Service Center* und *Help Desk* seien hier nur am Rande erwähnt (Cleveland 2008:16).

„Von Beginn der 90er Jahre bis heute prägen sich unterschiedliche Gattungen von Call-Centern aus" (Oberlindober 2001:26): Outbound und Inbound Call Center, interne und externe sowie virtuelle Call Center. Diese Formen werden im Folgenden näher erläutert.

3.2 Inbound- und Outbound-Tätigkeiten

Ein wesentliches Kriterium für die Arbeit von Call Centern ist die Differenzierung nach *Inbound-* und *Outbound*-Tätigkeiten. Handelt es sich um Call Center, die beide Aktivitäten anbieten, dann werden diese oft als *Blended Call Center* betitelt (Bergevin 2007:34).

Inbound Call Center sind solche, die von den Kunden angerufen werden („inbound": englisch für „eingehend"), um beispielsweise Reisetickets zu erwerben, um technischen Support für ihren PC oder allgemein, um Antworten auf Fragen jeglicher Art zu erhalten (Bergevin 2007:33). Da die Entscheidungen der Anrufgeschehen bei den Anrufern liegen, kann darauf kaum Einfluss genommen werden. Die Anrufer definieren den Anspruch an die Erreichbarkeit, „was den Charakter von Inbound Call Centern als reagierende Organisationseinheit unterstreicht" (Schümann 2002:19). Die Kunden verstehen Inbound Call Center als einen speziellen Service und erwarten folglich, dass ihr Anruf in akzeptabler Zeit angenommen und ihr Anliegen professionell gelöst wird.
Änderungswünsche, Anfragen, Aufträge, Bestellungen, Informationswünsche und Reklamationen sind abhängig von der Kundengruppe (Geschäfts- oder Privatkunden), dem spezifischen Markt (Massen- oder Nischenmarkt) und der Produktart (Konsum- oder Investitionsgut oder erklärungsbedürftiges technisches Produkt). Da folglich Kundenansprüche erheblich variieren, differenziert FLORL (2001:31-32) bei Inbound Call Centern zwischen fünf verschiedenen Arten von Hotlines: Bestellannahme, Info-Hotline, Direktservice (z.B. bei Direktbanken), Technische Hotline und Notdienste. Bei allen Hotline-Aktivitäten müssen die Call Center Agents in der Lage sein mit Hilfe von Informationssystemen (technische Komponenten siehe Punkt 5.1) die Kundenwünsche zu bearbeiten. Die Organisation und Koordination der Aufgaben innerhalb eines Inbound Call Centers verlangen sehr gute Kenntnisse des spezifischen Marktes und der Kunden, um vor allem den Bedarf an Mitarbeitern den zu erwartenden Kundenanfragen anzupassen.

Bei Outbound Call Center handelt es sich um solche, bei denen die Anrufe aktiv seitens des Unternehmens zum Kunden getätigt werden („outbound": englisch für „ausgehend"), was auch der Grund dafür ist, warum man diese oft mit aktivem Telefonmarketing in Verbindung bringt (Fojut 2008:129). Die Vorteile von Outbound Call Center liegen in der aktiven Gestaltung des Marktes (durch Umfragen, Vertriebsgespräche usw.), indem mit dem Kunden einen Dialog eingegangen wird. Kleinere Geschäftskunden können auf diese Weise intensiv betreut und Terminvereinbarungen gebündelt bearbeitet werden (Florl 2001:33).

Nach CLEVELAND (2008:131-132) liegen drei Grundtypen bei der Kontaktaufnahme in Outbound Call Centern vor. Zum einen zählt er Outbound-Aktivitäten auf, die als Teil zum Inbound-Arbeitspensum gehören. Beispielsweise ruft ein Fahrer eines Pannenfahrzeugs einen Abschlepp-Service zur Hilfe, der Service wiederrum ruft per Outbound Call seinen nächstgelegenen Abschleppdienst vor Ort an und vermittelt den Notruf weiter. Des Weiteren nennt CLEVELAND Outbound Contacts, die zeitlich geplant sind, um folgendermaßen dem Kunden Komfort zu bieten oder um mit höchster Wahrscheinlichkeit einen erfolgreichen Kontakt zum Kunden aufzubauen. Zuletzt beschreibt er Outbound-Tätigkeiten, die weder ein Teil des Inbounds noch zeitlich geplant sind.

Parallel zu Inbound- können auch Outbound-Aktivitäten anhand ihrer Zielgruppen und Produkte differenziert werden. FLORL (2001:33-34) unterscheidet demnach zwischen Vertriebsunterstützung, Telefonverkauf, Adressqualifizierung, Kundenrückgewinnung, Kundenbindung und Marktforschung. Findet Outbound im Bereich der Geschäftskunden statt, so wird von Business-to-Business (B2B) gesprochen.

Blended Call Center haben die Möglichkeit von Inbound- auf Outbound-Verkehr umzuschalten. Dieses Umschalten wird *Call Blending* genannt und bietet den Vorteil, dass die Restzeit (Zeit, in der die Agents unausgelastet sind) im Inbound-Verkehr sinnvoll durch Outbound-Aktivitäten genutzt werden kann. Auf diese Weise werden kostspielige Minuten für das Call Center Unternehmen gesenkt (Mindermann et al. 1999:346).

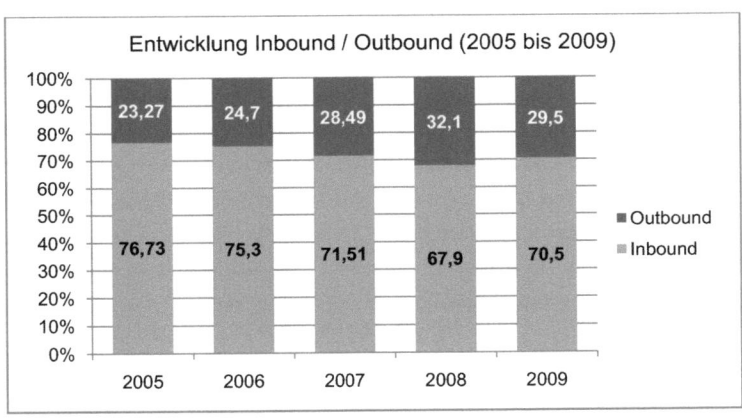

Diagramm 1: Entwicklung der Inbound-Outbound-Relation (2005 bis 2009) (eigene Darstellung nach Aspect 2009:8).

Im Rahmen der Marktstudie „Contact Center-Trends 2009" der Aspect Software GmbH, die bereits zum siebten Mal in Folge durchgeführt wurde, wurden 150 deutsche Call Center nach ihrer Kommunikationsrichtung gefragt. In den Jahren 2005 bis 2007 kann eine Verschiebung zugunsten des Outbound-Geschäftes festgestellt werden, was in Diagramm 1 visualisiert ist. Dieser Trend scheint im Jahr 2009 mit einem Rückgang von 2,6 Prozent erstmalig gebrochen. Entscheidend ist jedoch, dass in den letzten fünf untersuchten Jahren Inbound Call Center mit mehr als zwei Drittel überwiegen.

3.3 Inhouse Call Center, Outsourcing-Lösungen und Offshoring

Call Center-Aktivitäten können Abteilungen oder Gesellschaften sein, die einem Unternehmen angehören, dessen Hauptzweck aber nicht im Betreiben eines Call Centers besteht (*Inhouse*) (Fojut 2008:104). Gleichermaßen können diese Aufgabenbereiche an externe spezialisierte Dienstleister beziehungsweise Agenturen abgegeben werden (*Outsourcing*) (Fojut 2008:130). Befinden sich diese Dienstleister in einem anderen Land, dann wird von *Offshore Call Centern* gesprochen (DeHaan 2010a:Abs. 2)

Bei der Inhouse-Variante baut ein Unternehmen ein eigenes Call Center mit entsprechender Infrastruktur und allen technischen Voraussetzungen auf. Eine Alternative besteht in der Partnerschaft mit anderen Call Centern, indem die bestehende Infrastruktur von verschiedenen Unternehmen gemeinsam genutzt wird (Florl 2001:35).
Ein eigenes Call Center stellte eine wichtige Schnittstelle zum Kunden dar, jedoch bringt es auch einige Risiken gerade in der Etablierungsphase mit sich, wie zum Beispiel die Notwendigkeit einer aufwendigen Knowhow-Aneignung, denn Call Center-Knowhow ist meist nicht Kern-Knowhow des Unternehmens. Umfassende technische Voraussetzungen verändern sich schnell und sind nur bedingt anpassungsfähig. Kurzfristige Schwankungen können in Bezug auf Ressourcen, Technik und Personal nur sehr schlecht abgefangen werden (Florl 2001:35-36). „Andererseits hat das interne Call Center in dem Moment, in dem es einen relativ großen Stellenwert im Unternehmen einnimmt, die Möglichkeit, auf [...] Marketing-Aktionen aus der Perspektive des Kundenservice Einfluss zu nehmen" (Florl 2001:36-37).

Bei der Outsourcing-Lösung können beispielsweise Telemarketing-Aktionen eines Unternehmens komplett oder teilweise ausgelagert werden (Fojut 2008:130). Outsourcing bietet viele Vorteile, wie zum Beispiel die Möglichkeit einer kurzfristigen Einbindung von Call Center Services. Die Agenturen, die Outsourcing-Dienstleistungen anbieten, verfügen über die aktuellsten Technologien und Kernkompetenzen (Florl 2001:37).

Bei solchen Kooperationen ist zu berücksichtigen, dass es sich um strategische Partner-schaften handelt, das heißt, dass schlechte Leistungen unmittelbaren Image-Schaden des Unternehmens bedeuten und damit dessen Stellung am Markt negativ beeinträchtigt werden kann. Folglich muss die Partnerauswahl mit großer Sorgfalt erfolgen und eine langfristige Kooperation etabliert werden. Bei der Outsourcing-Variante ist das Call Center zwar nicht unmittelbar in der Entscheidungsfindung des Unternehmens eingebunden, dafür können kurzfristige Ressourcenschwankungen aber leichter ausgeglichen werden (Florl 2001:37).

Der aktuelle Trend zeigt eine Verlagerung der Call Center-Aktivitäten in andere Länder, vor-zugsweise Südostasien, wo eine stabile technische Infrastruktur und qualifizierte Niedrig-lohnarbeiter angeboten werden. Mit *Offshore Outsourcing* wird diese Auslagerung betitelt und immer öfter fälschlicherweise mit Outsourcing abgekürzt (DeHaan 2010a:Abs. 2). Indien und die Philippinen haben sich zu beliebten Offshore-Standorten etabliert. Während einige Einheimische tagsüber einfache Inder oder Filipinos sind, fungieren sie in der Nacht als Deutsche. Sie müssen ihren Lebensrhythmus an die westlichen Kundendienstzeiten anpas-sen und oft vorgeben, sie sprächen von Deutschland aus. In *German Trainings* wird ver-sucht, ihnen perfektes Hochdeutsch beizubringen, um den Kunden ein Gefühl der Nähe zu vermitteln. Die *Offshore Agents* müssen ihre Auftragsregion besser kennen als die eigene, und das Wichtigste: sie müssen ständig Up-to-Date sein, um so durch einen Smalltalk eine angenehme Gesprächsatmosphäre erzeugen zu können (Reese 2009:22).

Seit der EU-Ost-Erweiterung und den damit reduzierten Marktbarrieren hat sich das Bild noch weiter gewandelt. Die für Deutschland interessanten Offshore-Standorte, oder besser gesagt *Nearshore-Standorte* (Orte, die direkt an ein Land angrenzen oder sich maximal in einer Entfernung von bis zu drei Flugstunden vom Heimatstandort befinden) liegen in Osteu-ropa aufgrund der „örtlichen und kulturellen Nähe wie auch der Möglichkeit zur Erschließung neuer Märkte" (Grasemann 2005:16). Beliebt sind dabei die beiden Länder Polen und Tschechien, da die Verfügbarkeit von deutschsprachigen Agenten dort am höchsten ist. In Polen haben sich neben IBM bereits General Electric und Motorola angesiedelt, in Tsche-chien Dell und DHL, um nur einige wenige Unternehmen beim Namen zu nennen (Grase-mann 2005:17).

In der Call Center-Funktion selber lassen sich einige Ähnlichkeiten bei Inhouse und Outsour-cing aufzeigen. Es gibt allerdings zwei nennenswerte Unterschiede. Inhouse Call Center können gewinnorientiert oder nichtertragsorientiert wirtschaften, während bei Outsourcing-Agenturen der Profit immer im Vordergrund steht. Des Weiteren sind diese Agenturen dauerhaft auf der Suche nach neuen Kunden, um die *Economies of Scale* (Kostenminderung als Folge der Fixkostenaufteilung durch die Unternehmen, die Leistungen der Agenturen für Call Center-Aktivitäten in Anspruch nehmen) bestmöglich auszunutzen (DeHaan 2010b:Abs. 2).

Welche Call Center-Variante ein Unternehmen letztendlich für sich wählt, muss im Einzelfall entschieden werden, denn die Bedeutung des direkten Gespräches mit dem Kunden ist abhängig von den Aufgaben, der Branche und der Zielgruppe des Unternehmens. Allerdings scheinen interne Lösungen unwirtschaftlicher, denn der erforderliche Anpassungsprozess an bestehende Strukturen hat meistens einen Effektivitätsverlust zur Folge. Die Lösung eines temporären Outsourcings wird in der Call Center-Branche am häufigsten genutzt. Beispielsweise wird hier bei Werbekampagnen oder allgemein bei Spitzenbelastungen auf externe Agenturen zurückgegriffen (Florl 2001:37-38).

3.4   Virtuelle Call Center

Als *virtuelle Call Center* werden solche betitel, die dezentral organisiert sind, das heißt, die Agents arbeiten entweder an verschiedenen Firmenstandorten innerhalb eines Telekommunikationsnetzwerkes oder als Teleheimarbeiter im sogenannten *Home Office*, indem sie sich in das Netzwerk einwählen. (Oberlindober 2001:26). „Ein virtuelles Call Center kann entweder die Möglichkeiten des klassischen ACD [erläutert in Punkt 5.1] erweitern oder völlig ersetzen" (Mindermann et al. 1999:316). Jeder Arbeitsplatzcomputer des Unternehmens kann ‚virtuell' mittels LAN in das Firmennetzwerk eingebunden werden. Die Beschränkung erfolgt nicht mehr auf einen einzelnen Standort, sonder es kann „rund um den Globus [...] dieselbe Kundengruppe [bedient werden]" (Bergevin 2007:93).

Virtuelle, auch *vernetzte* Call Center genannt, entlasten sich untereinander, sparen Kosten und verbessern den Kundenservice. Virtuelle Call Center sind für Unternehmen die kostengünstigste Variante, denn auf diese Weise kann am kostspieligen *Facility Management* gespart werden (Mindermann et al. 1999:316). Für den Arbeitgeber entstehen keine Mietkosten, denn die Agents arbeiten von zu Hause aus und müssen für ihren Heimarbeitsplatz selber aufkommen, das heißt, ihr zu Hause ist gleichzeitig ihr Büro (Oberlindober 2001:26). Ein weiterer Vorteil liegt in der Skalierbarkeit, denn Call Center können mit der Größe des Unternehmens wachsen. (Mindermann et al. 1999:316).

Virtuelle Call Center sind vor allem für die Unternehmen nützlich, die einen hohen Call Center-Bedarf aufweisen. Es können mehrere Call Center eines Unternehmens errichtet und virtuell miteinander verbunden werden, anstatt ein einziges großes Call Center zu betreiben.

Falls die Technik an einem Call Center-Standort versagt, können die Kapazitäten gegebenenfalls auf andere Standorte temporär verlagert werden (Bergevin 2007:93).

3.5 Entwicklung der Anzahl an Call Centern, der SV-Beschäftigten, des Umsatzes und der Kernbranchen

Nach Definition des Statistischen Bundesamtes zählen zu den Sozialversicherungspflichtig (SV) Beschäftigten „alle Arbeitnehmer einschließlich der Auszubildenden, die kranken-, renten-, pflegeversicherungspflichtig und/oder beitragspflichtig sind oder für die von den Arbeitgebern Beitragsanteile zu entrichten sind" (DESTATIS 2010b:Abs. 1). Folgendes Diagramm 2 veranschaulicht die Entwicklung der Anzahl an Call Centern und deren SV-Beschäftigte in Deutschland in den Jahren 2004 bis 2007.

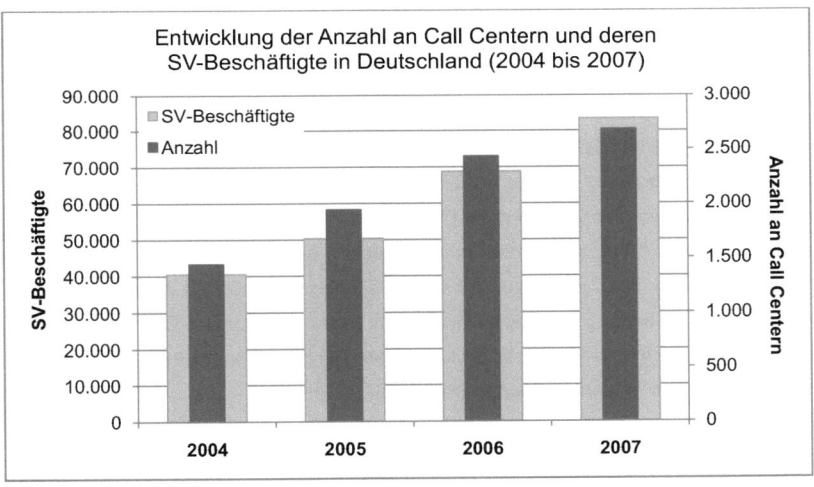

Diagramm 2: Entwicklung der Anzahl an Call Centern und deren SV-Beschäftigte in Deutschland (2004 bis 2007) (eigene Darstellung, Daten: Statistische Ämter des Bundes und der Länder 2010a).

Die Anzahl der SV-Beschäftigten in der Call Center-Branche hat sich von 40.540 im Jahr 2004 auf 83.307 in 2007 mehr als verdoppelt. Ähnlich entwickelte sich auch die Anzahl an Call Center-Unternehmen (nicht Betriebe!) in Deutschland: waren es in 2004 noch 1.443 Call Center, so zählte man in 2007 bereits 2.677. Diese Entwicklung macht die Bedeutung der Call Center-Branche deutlich.

Zur weiteren Betrachtung auf diese Thematik bieten sich die zwei folgenden Karten 1 und 2 an. In der linken Karte sind die jeweiligen Anteile der SV-Beschäftigten am Arbeitsort in den Wirtschaftsabschnitten M und N an allen SV-Beschäftigten im Jahr 2009 visualisiert. Abschnitt M der *Klassifikation der Wirtschaftszweige 2008* beinhaltet die ‚Erbringung von freiberuflichen, wissenschaftlichen und technischen Dienstleistungen' und Abschnitt N die ‚Erbringung von sonstigen wirtschaftlichen Dienstleistungen' (DESTATIS 2010c:5). Abschnitt N ist zusätzlich unterteilt von 72 bis 82.99.9 (Abteilungen, Gruppen, Klassen, Unterklassen). Call Center gehören zur Abteilung 82 ‚Erbringung von wirtschaftlichen Dienstleistungen für Unternehmen und Privatpersonen anderweitig nicht genannt' und umfassen die Gruppe 82.2, die Klasse 82.20 und die Unterklasse 82.20.0 (DESTATIS 2010c:500). Die Daten der SV-Beschäftigte liegen für die Öffentlichkeit bei über der Hälfte der Statistischen Landesämter zusammengefasst für die Abschnitte M und N vor und sind deshalb gemeinsam in der Karte 1 dargestellt.

Der Karte 1 ist zu entnehmen, dass in Hessen und den drei Stadtstaaten der prozentuale Anteil der SV-Beschäftigten in den Abschnitten M und N an allen SV-Beschäftigten am höchsten ist. In Hamburg beträgt dieser Anteil 19,1, in Berlin 17,3, in Hessen 13,9 und in Bremen 13,8 Prozent. Anknüpfend ist nun ein Vergleich zum Anteil der SV-Beschäftigten in der Call Center-Branche an den SV-Beschäftigten der Abschnitte M und N interessant. Dazu dient Karte 2, die eine spezielle Form der Visualisierung von Karten repräsentiert. Es handelt sich um ein Flächenkartogramm, bei dem die Flächen der Bundesländer nicht deren tatsächliche Größe widerspiegeln. Stattdessen sind die Flächen proportional zum Anteil der SV-Beschäftigten in der Call Center-Branche an den SV-Beschäftigten der Abschnitte M und N dargestellt. Diese Kartenvariante bietet den Vorteil, dass sich von der Größe der Polygone (hier Bundesländer) folglich auf die höchste Erscheinung einer Variablen (hier Anteil der SV-Beschäftigten in Call Centern) schließen lässt.

Es ist offensichtlich, dass die höchsten Anteile in Mecklenburg-Vorpommern mit 12,7 und in Sachsen-Anhalt mit 7,7 Prozent vorliegen. Weitere Details zu Mecklenburg-Vorpommern werden in Punkt 4.1 näher beleuchtet. Interessant ist die ‚Aufballung' der Berliner Fläche: 6.037 der 193.168 SV-Beschäftigte in den Abschnitten M und N, und somit 3,1 Prozent, sind hier in Call Centern beschäftigt. Dem Kartogramm ist ebenfalls zu entnehmen, dass die Flächen gerade in den Neuen Bundesländern viel größer erscheinen als diejenigen im Westen (außer Saarland) und im Süden.

Im Saarland arbeiten laut Statistischem Unternehmensregister (2007) 932 SV-Beschäftigte in 21 Call Centern, laut CallCenterProfi (2007:28) 4.000 Agents in 40 Call Centern. Das mag im Verhältnis zu anderen Bundesländern wenig klingen, doch 10,5 Prozent der SV-Beschäftigten arbeiten in Unternehmen der Wirtschaftsabschnitte M und N und 2,6 Prozent davon in der Call Center-Branche. Hauptsächlich sind hier Unternehmen angesiedelt, deren Nähe zum Markt Frankreichs bedeutend ist. Viele Menschen sind hier zweisprachig aufgewachsen (CallCenterProfi 2007:30).

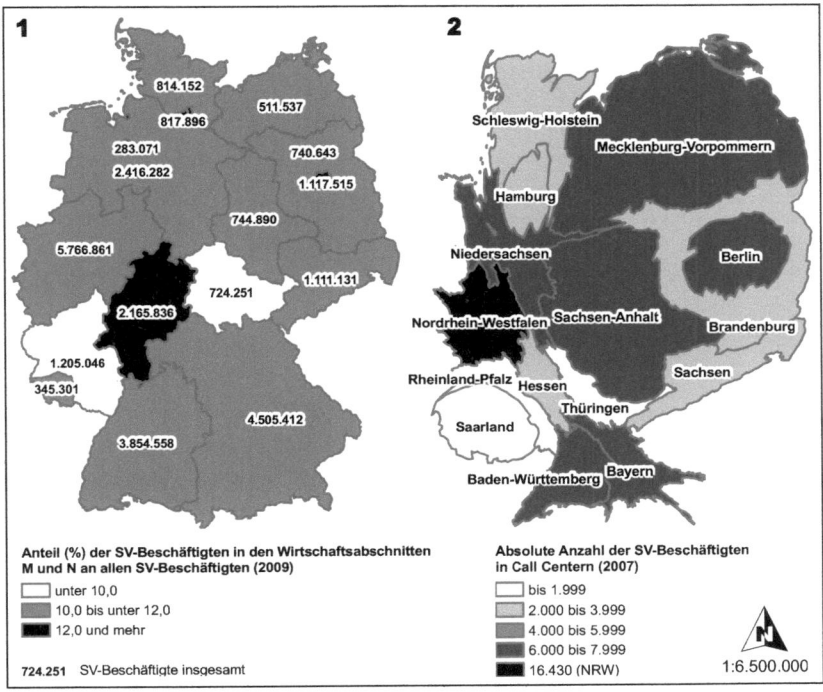

Karte 1+2: SV-Beschäftigung insgesamt, in den Wirtschaftsabschnitten M und N und in Call Centern nach Bundesland (eigene Darstellung, Daten: Statistische Ämter des Bundes und der Länder 2010a).

Eine weitere in Karte 2 visualisierte Variable ist die absolute Anzahl der SV-Beschäftigten in Call Centern (als Choroplethenkarte). Zu beobachten ist, dass in Nordrhein-Westfalen mit Abstand die meisten SV-Beschäftigten, nämlich 16.430, vorzufinden sind. Trotzdem schrumpft diese Fläche bei Darstellung des Kartogramms, denn der Anteil der SV-Beschäftigten in Call Centern selber beträgt nur 2,4 Prozent. Für Bremen liegen keine Daten der SV-Beschäftigung in Call Centern vor.

Tabelle 1 ist die Entwicklung des Umsatzes der gesamten Call Center-Branche in Deutschland in den Jahren 2004 bis 2007 zu entnehmen. In diesen vier Jahren ist der Gesamtumsatz um 60,6 Prozent gestiegen. Die prozentual höchste Steigerung fällt dabei auf die Betriebsgrößenklasse mit zehn bis 49 Beschäftigten. Hier ist eine Zunahme von über 187 Prozent zu verzeichnen. In der Klasse mit null bis neun Beschäftigten konnte im Jahr 2007 eine Umsatzsteigerung von 106 Prozent erreicht werden.

		2004	2005	2006	2007
Betriebsgrößenklasse (Beschäftigte)	0 bis 9	146.732.000€	248.472.000€	331.044.000€	302.654.000€
	10 bis 49	128.664.000€	158.051.000€	248.460.000€	369.612.000€
	50 bis 249	544.006.000€	688.203.000€	761.232.000€	835.119.000€
	250 und mehr	1.432.571.000€	1.908.700.000€	1.973.142.000€	2.108.484.000€
	gesamt	2.251.973.000€	3.003.426.000€	3.313.878.000€	3.615.869.000€

Tab. 1: Umsatzentwicklung aller deutschen Call Center, aufgeteilt nach Betriebsgrößenklassen (2004 bis 2007) (eigene Darstellung, Daten: Statistische Ämter des Bundes und der Länder 2010a).

Von den gut 3,6 Milliarden Euro Umsatz in 2007 fallen 37 Prozent auf die Bundesländer Baden-Württemberg, Niedersachsen, Berlin, Sachsen-Anhalt, Brandenburg und Saarland. Für die restlichen Bundesländer wurden leider keine Daten freigegeben.

Die Erfassung der Kernbranchen und die branchenspezifische Verbreitung von Call Centern gestalten sich relativ schwierig. Da es jedoch gerade im wirtschaftsgeographischen Kontext interessant ist, auf welche Branchen sich Call Center verteilen, werden zum Vergleich drei Umfragen herangezogen: eine von TeleTalk aus dem Jahr 2000 (TeleTalk zit. in Emde/Wissdorf 2001:134) und zwei von CallCenterProfi aus den Jahren 2009 und 2010 (Mehrfachnennungen waren möglich) (CallCenterProfi 2009:9, 2010:12), dessen Ergebnisse in den folgenden zwei Diagrammen 3 und 4 dargestellt sind.

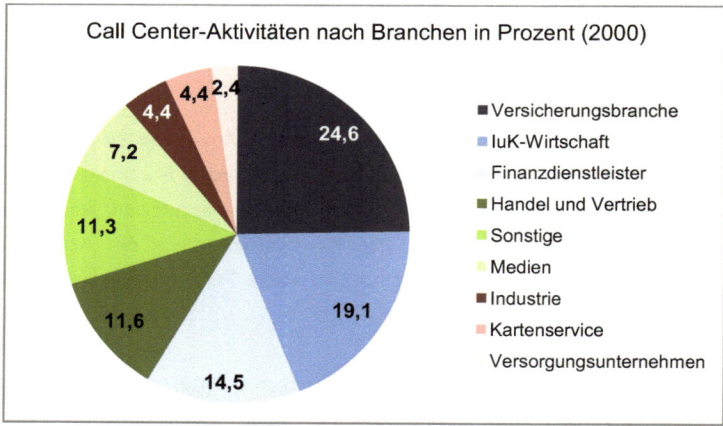

Diagramm 3: Call Center-Kernbranchen im Jahr 2000 (eigene Darstellung, angelehnt an TeleTalk zit. in Emde/Wissdorf 2001:134).

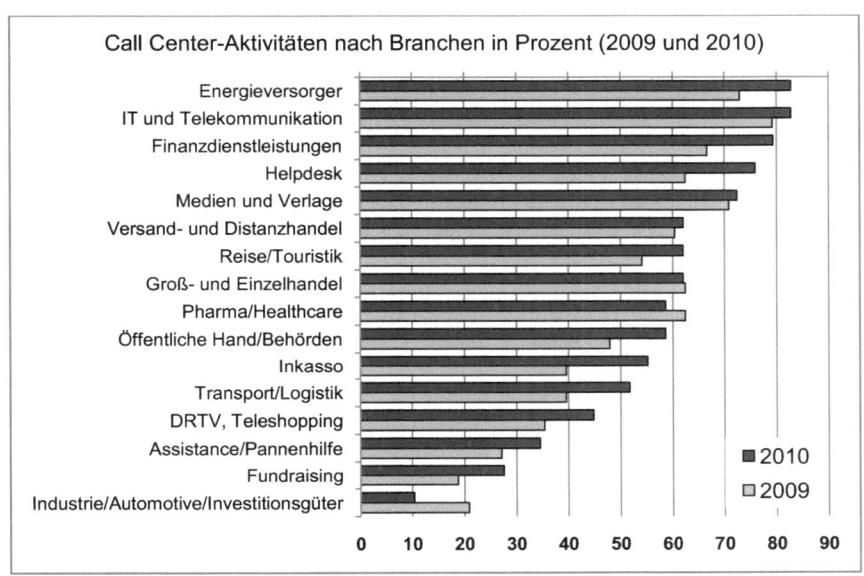

Diagramm 4: Call Center-Kernbranchen in den Jahren 2009 und 2010 (eigene Darstellung, angelehnt an CallCenterProfi 2009:9 und 2010:12).

Im Jahr 2000 lagen etwa 70 Prozent der Call Center-Aktivitäten in der Versicherungsbranche, der IuK-Wirtschaft, bei Finanzdienstleistern und im Handel und Vertrieb. Zehn Jahre später befinden sich die IT-Branche, Finanzdienstleistungen und der Versand- und Distanzhandel immer noch auf den obersten Rängen. Lagen Versorgungsunternehmen mit nur 2,4 Prozent Anteil in 2000 auf letztem Rang, so ist die Energieversorgungsbranche bis 2010 auf den obersten Platz um beachtliche 81 Prozent gestiegen. Eine ähnliche Entwicklung ist ebenfalls bei der Medienbranche festzustellen. Branchen, die in 2000 nicht, oder unter sonstiges zusammengefasst, aufgeführt waren, belegen in 2009 und 2010 mittlere bis obere Ränge, so zum Beispiel die Öffentliche Hand, in der kommunale Call Center immer öfter Fuß fassen, oder die Pharmaindustrie und Touristikunternehmen. Call Center-Aktivitäten im Bereich Helpdesks liegen mittlerweile mit 76 Prozent auf viertem Rang.

Die Abweichungen der Umfrageergebnisse aus den Jahren 2009 und 2010 sind mit etwa zehn Prozent zu gering, um eine tatsächliche Veränderung der Kernbranchen ableiten zu können. Die Anteile dieser Branchen im Vergleich zu jenem aus dem Jahr 2000 sind jedoch enorm gestiegen. Die Mehrfachnennungen bei der Umfrage sind ein Indiz dafür, dass sich die befragten Call Center-Unternehmen nicht nur auf eine Branche konzentrieren, sondern sich den Wirtschaftsverhältnissen anpassen und diversifizieren.

4 Standorte von Call Center

Im Jahr 2010 ist schon fast von einer flächendeckenden Verteilung der Call Center-Standorte in Deutschland zu sprechen, auch, wenn manche Bundesländer beziehungsweise Regionen deutlich mehr Standorte aufweisen als andere. Dennoch hat sich diese ‚gleichmäßig' räumliche Verteilung erst in den letzten zehn Jahren entwickelt (Punkt 4.1). Dominierten einst die Standorte zahlenmäßig in Hamburg (Punkt 4.3), dem Rhein-Ruhr-Raum, der Frankfurter Region und in München, so konnte sich Mecklenburg-Vorpommern in etwa den letzten acht Jahren zu einer Call Center-Adresse etablieren, dessen Standortfaktoren andere Bundesländer in solchem Maße kaum aufweisen können (Punkt 4.2).

4.1 Räumliche Verteilungsmuster von Call Centern in Deutschland

Bei der Untersuchung zu Call Centern 1996 durch HALVES wurden 91 Call Center-Standorte in Deutschland sichergestellt, wobei Hamburg mit 15 und Frankfurt/Main mit elf Call Centern an der Spitze standen (Halves 2001:79). Auf Bundesländerebene befanden sich damals schon Nordrhein-Westfalen mit 40 und Mecklenburg-Vorpommern mit etwa 20 Call Center-Anwendungen auf Platz eins (Halves 2001:82).

Der grafischen Aufbereitung der Call Center Dienste von 1999 auf Basis der Mitglieder des Deutschen Direktmarketing Verbandes (seit 2008 Deutscher Dialogmarketing Verband) in Karte 3 sind deutliche Standortschwerpunkte zu entnehmen. Von den insgesamt 183 dargestellten Hauptverwaltungen liegen allein 22, also zwölf Prozent, in Hamburg. Deutlich wird auch die herausragende Stellung des südwestlichen Teils Deutschland für verschiedene Typen von Hauptverwaltungen, speziell für den Rhein-Ruhr-Raum als Standort von 42 der 183 Hauptverwaltungen. Doch wie kommt es zu solchen räumlichen Standortverteilungen?

Für Nordrhein-Westfalen gibt es viele Gründe zur Ansiedlung von Call Center-Anwendungen. Es handelt sich hierbei mit rund 18 Millionen Einwohner/innen um das bevölkerungsreichste deutsche Bundesland, in dem 21 der 50 größten deutschen Unternehmen ihren Sitz haben. Aufgrund der Nähe der Städte in zentraler Lage müssen nur kurze Wege zueinander zurückgelegt werden. Des Weiteren wurde 1996 in Essen der Weiterbildungsanbieter Comin Genius gegründet, der seit dem über 1.300 Agents und etwa 100 Teamleiter speziell für die Call Center-Branche ausgebildet hat (CallCenterProfi 2007:37-40).

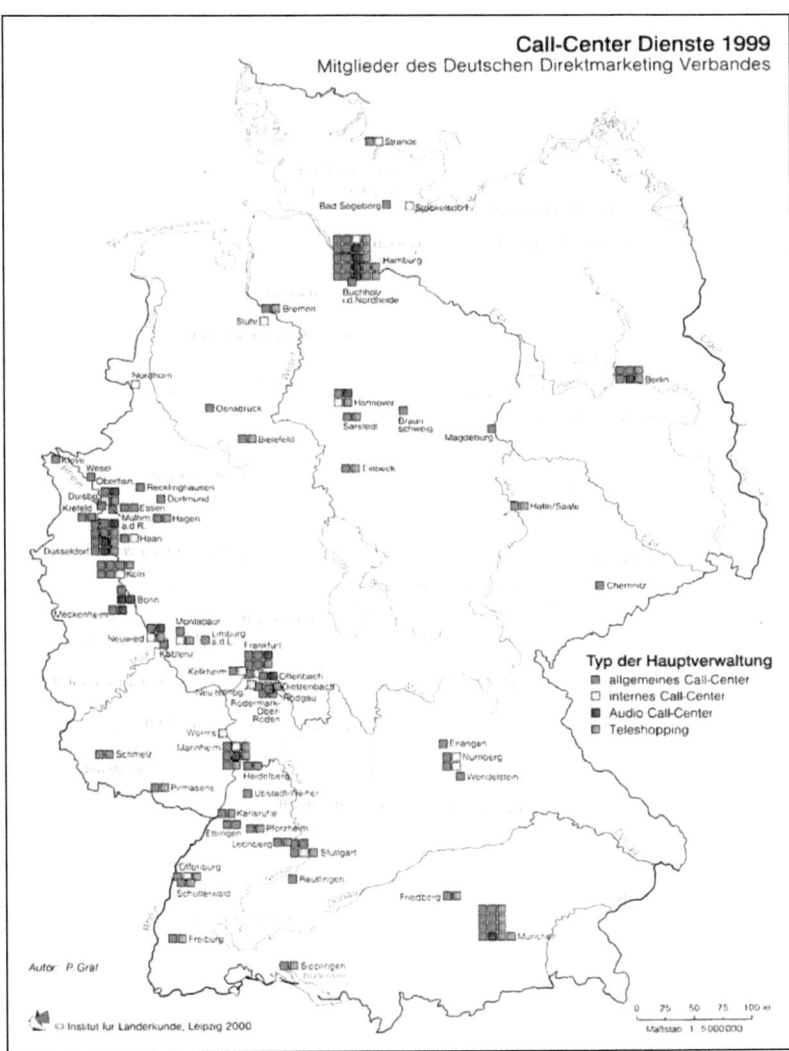

Karte 3: Standorte deutscher Call Center-Hauptverwaltungen 1999 (Quelle: Gräf 2000:106).

In Hessen siedeln sich 25 Prozent der Call Center im Rhein-Main-Gebiet, vorrangig in der Bankenmetropole Frankfurt an. Hier werden in erster Linie Dienste für Banken und Versicherungen in Inhouse Call Centern angeboten. „Das Rhein-Main-Gebiet ist ein Premium-

18

Standort […], [denn es] liegt im Schnittpunkt der wichtigsten Verkehrsachsen mitten in Europa und ist per Autobahn, ICE und Flughafen optimal angebunden" (CallCenterProfi 2001:28). Frankfurt gilt als deutsche Hauptstadt der Telekommunikation. Neben dem Sitz von elf unabhängigen Betreibern von Glasfasernetzen laufen 90 Prozent des deutschen Internetverkehrs über Frankfurt. Folglich ist für Call Center-Unternehmen eine verlässliche Telekommunikationsinfrastruktur, eine hohe Netzqualität sowie effizienter Support durch qualifizierte Telekommunikationsdienstleister gegeben (CallCenterProfi 2007:29).

Wird die Anzahl der Call Center im Jahr 2007 nach Bundesland betrachtet (siehe Diagramm 5), so ist festzustellen, dass von den 2.677 Call Centern laut Statistischem Unternehmensregister 32 Prozent auf Nordrhein-Westfalen fallen und dieses Bundesland somit immer noch als Vorreiter bei Call Center-Anwendungen gilt. 41 Prozent verteilen sich auf Niedersachsen, Hessen, Baden-Württemberg, Bayern und Berlin, die restlichen fallen auf die übrigen Bundesländer. Für Bremen liegen keine Daten der Anzahl an Call Centern vor.

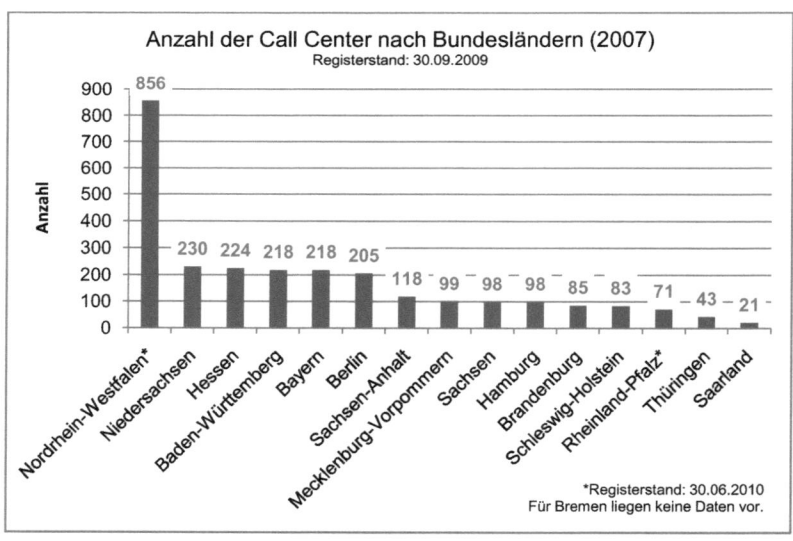

Diagramm 5: Anzahl der Call Center nach Bundesländern (2007) (eigene Darstellung, Daten: Statistische Ämter des Bundes und der Länder 2010a).

Die aktuellen Standorte deutscher Call Center (Inbound und/oder Outbound) können der Karte 4 entnommen werden. Bei dieser Darstellung bilden 129 Mitglieder zum Zeitpunkt des 03. Septembers 2010 des Call Center Forum Deutschland die Basis. Auffallend ist immer noch die Bedeutung der Standorte Hamburg und des Rhein-Ruhr-Raumes. Allerdings scheint die Dichte an Standorten innerhalb Deutschlands gerade in den Neuen Bundesländern gewachsen zu sein. 31 der 129 Standorte liegen in 2010 hier; 1999 waren es laut Darstellung von GRÄF (2000:106) nur zehn von 183 (sofern ein Vergleich der verschiedenen Mitgliederlisten möglich ist). 16 der 31 Standorte liegen in Berlin, 3 in Brandenburg. Seit 2006 werden Call Center in diesen beiden Bundesländern systematisch von ansässigen Wirtschaftsförderern unterstützt (CallCenterProfi 2007:35).

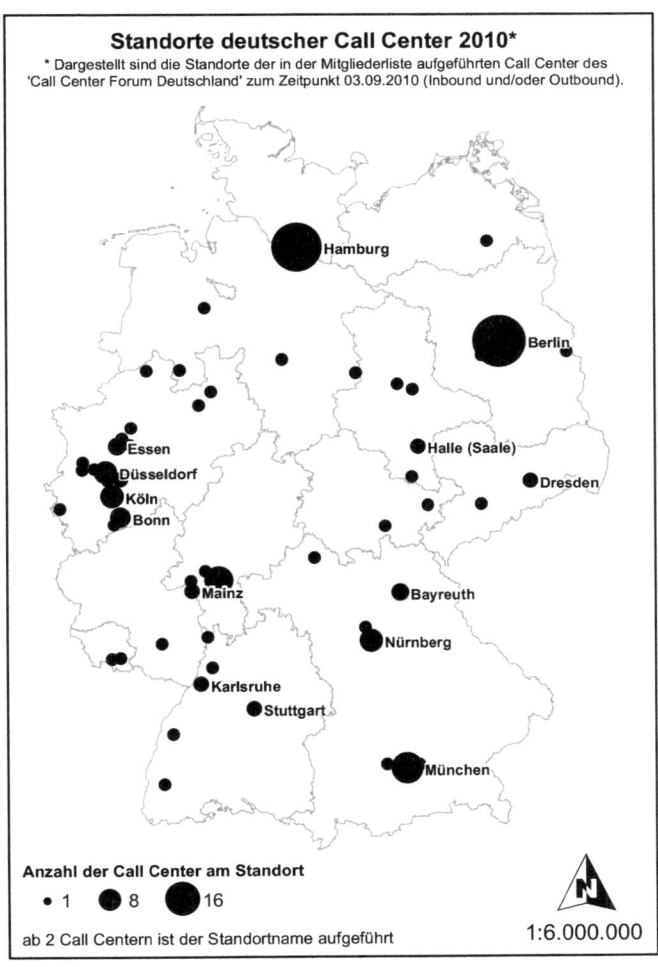

Karte 4: Standorte deutscher Call Center 2010 (eigene Darstellung, Daten: Call Center Forum).

4.2 Standortfaktoren für Call Center am Beispiel Mecklenburg-Vorpommerns

Der Untersuchung zur Call Center-Branche von HALVES in den Jahren 1996 bis 1998 zufolge sind die klassischen *harten* und *weichen Standortfaktoren* von damals auch heute immer noch von großer Bedeutung. Der lokale Arbeitsmarkt nimmt dabei die höchste Wichtigkeit ein, denn qualifiziertes Personal, das sich zusätzlich auf relativ unattraktive Arbeitszeiten einlässt, ist nicht unbedingt immer vorhanden. Attraktive Standorte für Büroflächen hingegen sind nicht zwingend notwendig, denn „Call Center benötigen weder das Image eines Büroparks [...] noch die baurechtlichen Freiheiten eines klassischen Gewerbegebietes" (Halves 2001:55). An dieser Stelle seien nur einige wenige Standortfaktoren genannt. Doch warum konnte sich gerade Mecklenburg-Vorpommern zum „Land der Call-Center" (Gahrau 2004:4) etablieren?

Die meisten sozialversicherungspflichtig Beschäftigten in der Call Center-Branche nach Nordrhein-Westfalen mit 16.430, arbeiteten im Jahr 2007 (aktuellster Datenstand) in Mecklenburg-Vorpommern. Das entspricht 1,49 Prozent aller SV-Beschäftigten dieses Bundeslandes. Bei 5.766.861 SV-Beschäftigten in Nordrhein-Westfalen sind dies *nur* 0,28 Prozent, was Tabelle 2 zu entnehmen ist (Statistische Ämter des Bundes und der Länder 2010a). Somit ist „Mecklenburg-Vorpommern [...] das erfolgreichste Land dieser Branche. Wie ist das möglich?" (Gahrau 2004:4).

Bundesland	SV-Beschäftigte insgesamt	SV-Beschäftigte in der Call Center-Branche	Anteil (%)
Mecklenburg-Vorpommern	511.537	7.607	1,49
Sachsen-Anhalt	742.035	6.875	0,93
Berlin	1.117.515	6.037	0,54
Brandenburg	740.643	3.733	0,50
Schleswig-Holstein	814.152	2.980	0,37
Hamburg	817.896	2.471	0,30
Nordrhein-Westfalen	5.766.861	16.430	0,28
Niedersachsen	2.416.282	6.638	0,27
Saarland	345.301	932	0,27
Sachsen	1.111.131	2.868	0,26
Baden-Württemberg	3.854.558	7.601	0,20
Bayern	4.505.412	6.960	0,15
Hessen	2.165.836	3.320	0,15
Thüringen	724.251	742	0,10
Rheinland-Pfalz	1.205.046	1.090	0,09
Bremen	286.120	Werte aus Datenschutzgründen nicht bereitgestellt	

Tab. 2: Anteil der SV-Beschäftigten in der Call Center-Branche an allen SV-Beschäftigten nach Bundesland (2007) (eigene Darstellung, Daten: Statistische Ämter des Bundes und der Länder 2010a).

Gab es in 1995 gerade einmal fünf Call Center in Mecklenburg-Vorpommern, so sind es heute mehr als 100. Eine ständige Steigerung der Anzahl an Call Centern und deren Mitarbeiter
ist zu beobachten. „Bemerkenswert ist, dass die Call-Center der ‚ersten Stunde' immer noch
vor Ort sind" (Gahrau 2004:5).

Neben den klassischen Standortvorteilen, wie beispielsweise Förderprogramme für Investi-
tionen, ist vor allem das hier akzentfrei gesprochene Hochdeutsch von Vorteil. Die Verfüg-
barkeit von qualifiziertem Personal mit moderaterem Lohnniveau als in den westdeutschen
Bundesländern, eine gute Telekommunikationsinfrastruktur sowie günstige Immobilien lo-
cken neue Investoren an (Gahrau 2004:4). Hauptträger für die Gewinnung von neuen Call
Centern vor Ort ist die Gesellschaft für Wirtschaftsförderung Mecklenburg-Vorpommern mbH
(GfW), die eng mit der Telemarketing Initiative (TMI), diversen Ministerien, der IHK, der
Agentur für Arbeit, verschiedenen Bildungsträgern und der Presse kooperiert. Ziel der Zu-
sammenarbeit ist die Etablierung eines Call Center-Netzwerks (CallCenterProfi 2007:29).

Die Call Center-Branche ist laut Angaben der TELEMARKETING INITIATIVE MECKLENBURG VOR-
POMMERN noch relativ jung: „36% aller Unternehmen gründeten sich in den letzten 4 Jahren"
(TMI 2010:Abs. 2). Es haben sich Call Center aller Größenordnungen etabliert, was in den
Diagrammen 6 und 7 dargestellt ist. Knapp 56 Prozent der mecklenburgischen Call Center-
Unternehmen beschäftigen null bis neun Personen (es wird immer von SV-Beschäftigten
ausgegangen). Folglich arbeiten 72,3 Prozent der SV-Beschäftigten in Call Centern mit einer
Größe von 250 und mehr Beschäftigten (Statistische Ämter des Bundes und der Länder
2010a).

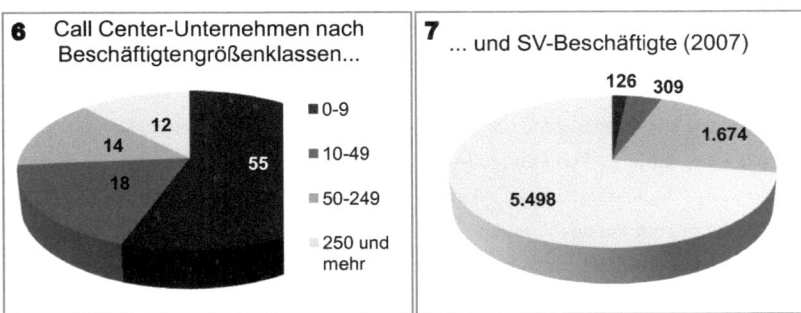

Diagramm 6+7: Call Center-Unternehmen und SV-Beschäftigte in Call Centern in Mecklenburg-
Vorpommern nach Beschäftigtengrößenklassen (2007) (eigene Darstellung,
Daten: Statistische Ämter des Bundes und der Länder 2010a).

22

Das kleinste Call Center beschäftigt sieben, das größte 1.000 Mitarbeiter. 20 Prozent der Call Center arbeiten ausschließlich im Inbound-, 41 Prozent im Outbound-Bereich und bei den übrigen handelt es sich um Mischformen (TMI 2010:Abs. 2).

„Weiterbildung ist ein großes Thema im Bundesland" (CallCenterProfi 2007:30). Die TMI setzt sich gezielt für den weiteren Aufbau neuer Ausbildungsberufe im Dialogmarketing ein. Bereits im Jahr 2007 war Mecklenburg-Vorpommern bundesweiter Vorreiter bei der Ausbildung in diesem Bereich: 14,5 Prozent, das heißt 152 von 1050 Berufsausbildungsplätzen fielen hierauf. Die Ausbildung zum Kaufmann beziehungsweise zur Kauffrau für Dialogmarketing erfolgt an den Standorten Neubrandenburg, Rostock, Schwerin, Stralsund und Wismar. Seit Sommer 2006 wird an der privaten Hochschule Baltic College Güstrow ein Bachelor of Arts-Studiengang mit kaufmännischer Ausrichtung für Dialogmarketing angeboten (CallCenterProfi 2007:30). Wen wundert es bei dieser intensiven Unterstützung und Entwicklung im sekundären und tertiären Bildungsbereich also noch, dass sich Mecklenburg-Vorpommern zu einem Call Center-Land etablieren konnte.

4.3 Hamburg: eine Call Center-Hochburg?

HALVES (2001:107) betitelte bei seiner Untersuchung im Jahr 1996 Hamburg als eine „Call Center-Hochburg", obwohl damals erst 15 Call Center vor Ort festgestellt werden konnten. Bereits Ende der neunziger Jahre ist in Hamburg eine ausgesprochen positive Entwicklung im Call Center-Bereich zu verzeichnen. Für den Jahreswechsel 1998/99 zählte man etwa 8.000 Mitarbeiter in Call Center-Anwendungen. Die Hamburger Sparkasse, die Volksfürsorge sowie die Stella AG und der Axel Springer Verlag waren damals schon mit großen Call Centern in Hamburg vertreten. Weiche Standortfaktoren, wie zum Beispiel hochqualifizierte Arbeitskräfte, aber auch harte Standortfaktoren, wie die bestens ausgebaute Telekommunikationsinfrastruktur, lockten schon früh große Unternehmen an (Halves 2001:108).
Da Anfang des 21. Jahrhunderts im Allgemeinen keine verlässlichen Daten zur Call Center-Branche für Hamburg vorlagen, wurde von Juni 2000 bis September 2001 ein Forschungsprojekt zu dieser Thematik durchgeführt. 221 ansässige Call Center wurden innerhalb der Grenzen der Freien und Hansestadt Hamburg identifiziert und anschließend befragt. An der Befragung nahmen 203 der 221 Call Center teil (Körs et al. 2002:19). Allerdings wird im dazugehörigen Projektbericht nicht erwähnt, um welche Call Center es sich handelt. Vergleicht man diese Daten mit den Angaben des Statistischen Landesamtes für Hamburg und

Schleswig-Holstein, so fällt eine Entwicklung auf, die nicht in Zusammenhang mit den 221 identifizierten Call Centern stehen kann (Diagramm 8).

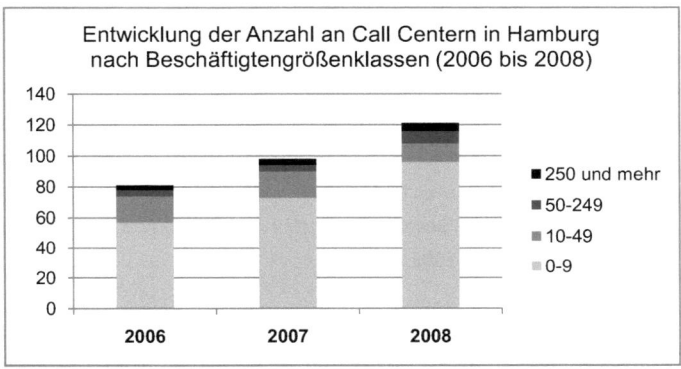

Diagramm 8: Entwicklung der Anzahl an Call Centern in Hamburg nach Beschäftigtengrößenklassen (2006 bis 2008) (eigene Darstellung, Daten: Statistische Ämter des Bundes und der Länder 2010a).

Bei diesen Daten handelt es sich um Call Center-Unternehmen laut dem Statistischen Unternehmensregister. In 2006 gab es demnach 81, in 2007 98 und in 2008 121 Unternehmen in Hamburg. In 2008 sind 68,4 Prozent mehr Unternehmen mit null bis neun Beschäftigten als in 2006 zu verzeichnen. Die Zahl der Unternehmen mit zehn bis 249 Beschäftigten hingegen sank in diesem Zeitraum von 17 auf zwölf, was mit einer Entwicklung zu größeren oder kleineren Call Center-Unternehmen in Verbindung gebracht werden kann.

Laut des Forschungsprojekts ließen sich 11.023 Beschäftigte (davon 9.411 Agents) ermitteln (Körs et al. 2002:48/57). Nach Angaben des Statistischen Unternehmensregisters gab es in 2006 gerade einmal 2.761 und in 2008 3.249 SV-Beschäftigte in der Call Center-Branche Hamburgs, was Tabelle 3 zu entnehmen ist.

		2006	2007	2008
Betriebsgrö-	**0 bis 9**	91	102	148
ßenklasse	**10 bis 49**	455	482	316
(Beschäftigte)	**50 bis 249**	667	558	730
	250 und mehr	1.548	1.329	2.055
	gesamt	**2.761**	**2.471**	**3.249**

Tab. 3: Entwicklung des Anteils der SV-Beschäftigten, aufgeteilt nach Betriebsgrößenklassen (2006 bis 2008) (eigene Darstellung, Daten: Statistische Ämter des Bundes und der Länder 2010a).

Zieht man nochmals die Definition zur sozialversicherungspflichtigen Beschäftigung von DESTATIS (2010b) heran, in der die geringfügig entlohnten Personen nicht mit eingerechnet werden, so kann mit großer Vorsicht daraus geschlossen werden, dass möglicherweise bei der Projektstudie Minijobs mitberücksichtigt wurden.

Nichtsdestotrotz wurde bei diesem Forschungsprojekt die Bedeutung der Call Center-Branche für Hamburg deutlich. Knapp 72 Prozent der befragten Unternehmen planten für die Zukunft mehr Personal einzustellen; 2.521 neue Stellenausschreibungen konnten für den darauffolgenden Monat bereits zugesichert werden. „Dies entspricht bezogen auf die zum Befragungszeitpunkt angegebene Beschäftigungszahl von insgesamt 11.023 einer Wachstumsrage von 22,9%" (Körs et al. 2002:72).

Die positive Entwicklung in Hamburg ist vor allem auf endogene Faktoren zurückzuführen. „Die breite Dienstleistungsorientierung und speziell die Ballung der Werbe- und Medienwirtschaft in der Stadt sind ein idealer Nährboden für die Entwicklung vieler unabhängiger Telemarketing-Agenturen und Inhouse-Call Center großer Hamburger Unternehmen" (Halves 2001:108).

5 Funktionale Bedeutung von Call Centern

Call Center sind überaus komplexe Organisationseinheiten. Damit alle Funktionen im Einklang stehen, ist es vor allen Dingen wichtig, dass der technische Bereich (Punkt 5.1) und die Arbeitsorganisation (Punkt 5.3) gut aufeinander abgestimmt sind. Nur durch ein gelungenes Zusammenspiel beider Komponenten sind Call Center bereit sich trendgerecht weiterzuentwickeln und beispielsweise neue Arten der Kontaktaufnahme zu etablieren (Punkt 5.2).

5.1 Technische Module

Die technische Komponente eines Call Centers ist das wichtigste Instrument, um die oft gleichzeitig eingehenden Anrufe in den Griff zu bekommen. Die Call Center-Technologie aus den neunziger Jahren findet auch heute noch Anwendung. Dazu zählen unter anderem Telefonanlagen mit integriertem *Automatic Call Distribution*-System (ACD), computerintegrierte Telefonie (CTI), *Predictive Dialing* und *Interactive Voice Response* (IVR) (Thieme/Steffen 1999:45).

Die automatische Anrufverteilung, sprich ACD, ist das Herzstück eines Call Centers. Dieses System dient der Übermittlung ankommender Anrufe an eine Gruppe wartender Agenten unter Verwendung von Warteschleifen anstelle von Durchwahlen (Bergevin 2007:193). „Bis Anfang der 90er Jahre konnten sich nur die großen Call Center die Investition in eine Technologie leisten, die den Umgang mit einem großen Anrufvolumen ermöglicht […]. Mit der Entwicklung von PC LANs, hoch entwickelter Server-Software und Telefonsystemen steht diese Technologie auch kleineren Centern offen" (Fojut 2008:45). Die eingehenden Anrufe werden an die Agenten nach bestimmten, konfigurierbaren Gesetzmäßigkeiten durch ACD gesteuert und verteilt. So geht beispielsweise ein Anruf an den Agenten, der am längsten ohne Anruf war, oder an einen anderen, der über die besten Fähigkeiten zur Bearbeitung des Anrufs verfügt. Weiterhin stellt das ACD umfangreiche *Reports*, sprich Protokolle, zur Verfügung. Neben der Anzahl beantworteter Anrufe und der Dauer der einzelnen Anrufe können auch Anrufe pro Agent und Gruppe im Nachhinein abgerufen werden (Mindermann et al. 1999:323).

Der Predictive Dialer hingegen ist für die Verwaltung von großen Outbound-Anrufen zuständig. Dabei werden mehr ausgehende Anrufe platziert, als Agenten verfügbar sind. Auf diese Weise werden zum Beispiel Anrufbeantworter und Besetztzeichen aussortiert und so eine 300 Prozent höhere Leistung gewährleistet als beim manuellen Wählen (Bergevin 2007:197). Beim IVR handelt es sich um ein interaktives Sprachsystem, das mittels computergenerierter Dialoge den Kundenservice automatisiert. Dies ist nicht nur kosteneffektiver für das Call Center, sondern die ‚Roboter-Agents' sind 24 Stunden am Tag verfügbar und bieten einen schnellen und bequemen Service an (Bergevin 2007:199). Im Rahmen dieses Systems werden Antworten auf Standardfragen (FAQs) aufgenommen. Eine Menüstruktur führt den Anrufer durch eine Auswahl. Der Anrufer bekommt eine Information direkt elektronisch vorgespielt, ohne dass ein Agent eingeschaltet wird (Florl 2001:27).

Bei *Computer Telephony Integration* (CTI) handelt es sich um die Integration des Mediums Computer in die vorhandene Telefoninfrastruktur. Mit CTI können heutzutage viele Vorgänge gesteuert werden. Zu Beginn bot diese Technologie ausschließlich die Möglichkeit, dass durch automatisierte Übertragung der Telefonnummer des Kunden das System alle über ihn vorhandenen Daten bei telefonischem Kontakt sofort auf dem Bildschirm des Agents aufblendet (Florl 2001:26). Der Anwender ist imstande, seinen Kunden professionell mit Namen zu begrüßen und sich zu erkundigen, ob zum Beispiel die beim letzten Telefonat besprochenen Fragen erledigt wurden (Mindermann et al. 1999:188). Dieses spezielle System innerhalb des CTI nennt sich *Automatic Number Identification* (ANI) (Bergevin 2007:191).

Es gibt zahlreiche weitere Anwendungen, die durch diese Technologie heute ermöglicht werden. Um einige beim Namen zu nennen: die Anwendung ‚Leerlaufzeit-Schulung', bei der Schulungsinformationen an inaktive Agents automatisch weitergeleitet werden, die Anwendung ‚Dynamisches Scripting', bei der den Agents maßgeschneiderte Gesprächsleitfäden via CTI angezeigt werden, um einen speziellen Kunden zu bedienen, oder die Anwendung ‚Anruf-Blending', bei der die Agents jederzeit zwischen verschiedenen Arbeitstypen (Inbound und Outbound) hin- und her geschaltet werden können (Bergevin 2007:210-211).

5.2   Arten der Kontaktaufnahme

Der Begriff Call Center als solcher, mit dem traditionell der telefonische Kontakt in Verbindung gebracht wird, gilt mittlerweile als Oberbegriff für verschiedene Ausprägungen. Call Center vom alten Typ spielen immer öfter nur eine untergeordnete Rolle, denn Kundenbeziehungen lassen sich nicht ausschließlich auf den telefonischen Kontakt reduzieren. Moderne *Communication Center*, die zusätzlich schriftliche (Briefe, Fax) und elektronische (Internet, Email, SMS) Kontakte behandeln, gewinnen fortan an Bedeutung (Fojut 2008:69). Eine besondere Ausprägung stellt dabei das *Customer Interaction Center* (oft auch *Multimedia Call Center* genannt) dar, das nicht nur mit diversen Medien arbeitet, sondern oft Helpdesks als zentrale Anlaufstellen für den Kunden zur Verfügung stellt (Fojut 2008:45).
Die wichtigste Kontaktart bleibt aber nach wie vor die telefonische, denn diese gilt weiterhin als die schnellste und persönlichste Art der Kontaktaufnahme, auch, wenn nicht immer als die kostengünstigste Variante. Welche Kosten für den Betreiber oder den Kunden anfallen, hängt von der Servicerufnummer ab: 0800er-Rufnummern sichern eine bundesweit kostenlose Erreichbarkeit zu, während 0180er-Rufnummern je nach fünfter Endziffer unterschiedlich kostenpflichtig sind. Bei 0190er-Rufnummern wird neben der Gebühr für den Teledienstleister ein Aufgeld für den Anbieter der Inhalte berechnet, so zum Beispiel bei der Kinoprogramm-Hotline (Florl 2001:28). Aufgrund dieser abweichenden Tarife kann das Anrufverhalten der Kunden gemäß der unternehmensseitig definierten Serviceziele proaktiv gesteuert werden. Mit gebührenfreien Servicenummern ist ein hohes Anrufvolumen verbunden. Eine große Anzahl von Kunden soll dazu bewegt werden, diesen Kommunikationskanal zu nutzen. Bei gebührenpflichtigen Rufnummern hingegen liegt das Ziel in der möglichst langen Haltung des Kunden am Telefon (Emde/Wissdorf 2001:143).
Die Fax- und postalische Bearbeitung ist zu Gunsten der Email-Bearbeitung stark rückläufig. Die Möglichkeit der rechtsverbindlichen digitalen Signatur wird in naher Zukunft die Fax-Bearbeitung gänzlich auflösen. Die Bearbeitung von Emails hingegen nimmt einen immer

wichtigeren Platz ein. Mit der Diffusion des Internets in Privathaushalten und einer schnellen Bearbeitung wird ein enormer Bedeutungszuwachs prognostiziert (Jahnke/Spielhagen 2001:49-50).

5.3   Arbeitsorganisation

„Mit der Qualifikation des Personals steht und fällt [ein] Call-Center-Projekt" (Thieme/Steffen 1999:44). Es gibt Positionen, die in Call Centern wichtiger sind als andere. Und dennoch ist es von großer Bedeutung, dass alle im Einklang stehen, denn nur so können qualifizierte Teams etabliert werden, die durch Kontinuität, Qualität, Freundlichkeit und Kompetenz den Kunden überzeugen und binden (Florl 2001:29). Die Organisation in Call Centern weicht je nach Zielgruppe bis ins Detail ab, sieht aber häufig im Allgemeinen wie in Abbildung 2 dargestellt aus.

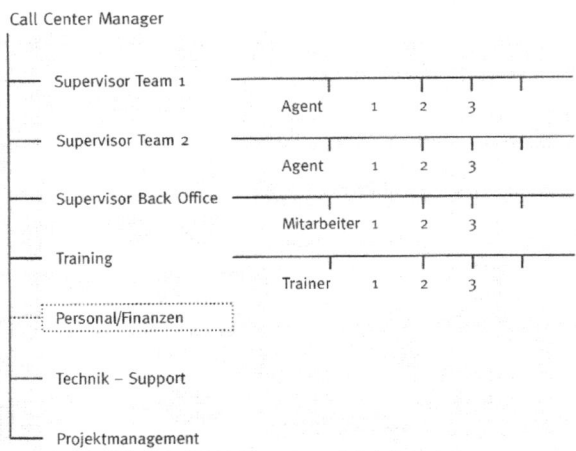

Abb. 2: Arbeitsorganisation im Call Center (Florl 2001:29).

Der Call Center Manager oder Leiter ist als oberste Instanz verantwortlich für die Gesamtorganisation. Teamleiter kümmern sich um einzelne Gruppen. Darunter gibt es Gruppen beziehungsweise Teams, die sich mit der Weiterentwicklung der Technik, mit Call Center-relevanten Projekten, Kundengruppen oder Kampagnen beschäftigen (Fojut 2008:48). Auf derselben Ebene steht das Back Office mit seinen Experten, zu denen Anrufe, die nicht auf

28

Anhieb von den Agents beantwortet werden können, weitergeleitet werden (Fojut 2008:29). Zehn bis 15 Agents, die in direktem Kundenkontakt arbeiten, werden jeweils zu einer Gruppe zusammengefasst und wiederum von einem Teamleiter geführt. Oft steht auch ein internes Trainerteam bereit, welches mit Schulungen zur Qualifikation und fachlichen Kompetenz kontinuierlich die Mitarbeiter fördert (Florl 2001:30).

Die Agents arbeiten gerade bei Inbound Call Centern meistens in Großraumbüros, in denen Schreibtische zu einzelnen Arbeitsinseln zusammengefasst sind, was im Vergleich zu kleinen Büroarbeitsplätzen viel kostengünstiger ist. Schallschutzwände trennen die einzelnen Arbeitsplätze voneinander ab und dienen zur Eindämmung des Lärmpegels (Schümann 2002:54).

Wie viele Agents letztendlich eingesetzt werden müssen, um dem Kundenbedarf gerecht zu werden, hängt natürlich in erster Linie von der Größe des Unternehmens ab. Der dänische Mathematiker Agner Krarup Erlang sah in der Warteschlangenproblematik der Telefonie seine Herausforderung und entwickelte 1917 das nach ihm benannte Warteschlangenmodell *Erlang C*. Diese Formel wird heute noch dazu verwendet, um die Anzahl des benötigten Call Center-Personals für ein gegebenes Anrufaufkommen abzuschätzen (Cleveland 2008:4).

6   Fazit

Die boomende Call Center-Branche hat sich innerhalb kürzester Zeit zu einem bedeutenden Hoffnungsträger für die erfolgreiche Bewältigung des Strukturwandels avanciert. Doch bis hierhin war es ein langer Weg: oft betitelt als Telefonsexzentrale, Niedriglohnbranche und hervorgegangener Branche aus der Rationalisierungsphase mussten Call Center einige Hürden überstehen, um sich zu der heutigen Branche mit durchaus positivem Image zu etablieren.

Call Center fungieren im 21. Jahrhundert als entscheidende Schnittstellen zwischen Unternehmen und Kunden. Unternehmen benutzen Call Center längst nicht mehr nur als effektiven Vertriebskanal, sondern möchten dadurch ihre Beziehungen zu Interessenten und Kunden intensivieren, womit sich die Vielzahl an Call Center-Neugründungen begründen lässt. Mit einher geht eine Steigerung des Anteils an sozialversicherungspflichtig Beschäftigten, die oft als Agents beginnen und zu Teamleiter-Positionen aufsteigen können. In regelmäßigen Schulungen werden den Mitarbeitern die notwendigen Qualifikationen sowie technische Neuerungen vermittelt.

Call Center arbeiten Inbound- und/oder Outbound-gerichtet und können in ihrem Unternehmen als Inhouse-Call Center integriert sein oder externe Agenturen, die dem Trend zufolge immer mehr im Ausland gefragt sind (Offshoring), mit dieser Dienstleistung beauftragen. Dabei liegen die Kernbranchen in der Energie-, der Telekommunikations-, der Finanz- und der Medienwirtschaft, sprich, in den führenden Branchen des frühen 21. Jahrhunderts. Die Call Center-Branche verdankt offensichtlich diesen Branchen ihre enorme Entwicklung beim Umsatz, wo durchaus noch in den nächsten Jahren von Wachstumspotenzial die Rede ist.

Call Center sind in der Regel standortunabhängige Dienstleistungen und mittlerweile in ganz Deutschland verbreitet. Doch lassen sich auch hier räumliche Muster erkennen: zu den dominierende Regionen zählen heute der Rhein-Ruhr-Raum, die Berliner, die Hamburger sowie die Frankfurter und Münchener Region, sprich, die am dichtesten besiedelten Räume Deutschlands. Während es in den neunziger Jahren nur wenige Call Center in den Neuen Bundesländern gab, so hat sich dieses Bild bis heute sehr verändert. Für Mecklenburg-Vorpommern beispielsweise stellt die Call Center-Branche eine wichtige Schlüsselbranche innerhalb des Tertiären Sektors dar.

Die einst klassischen Call Center unterliegen heute aufgrund ihrer Erweiterungen per Email, Internet, SMS und ähnlichem diversen Bezeichnungen. Call Center unterliegen einem Wandlungsprozess, aber auch ihrer Software. Nicht nur ihre Struktur und ihr Ruf veränderten sich seit ihrer Geburt. Dieser Wandel hat seinen Höhepunkt wohlmöglich noch nicht erreicht und es bleibt abzuwarten, ob dieser Prozess zu einem Ende kommen wird.

Summary

Call Centers are presumed to be the booming industry of the 21st Century. Their origin goes back to the United States of America as country of birth in the 60s and 70s. In Germany the first call centers were introduced until the early 90s. Since then, a rapid development is in this industry noted. The once traditional call centers with typical telephone contact continuously adjust themselves to the innovations in telecommunications. This includes contact via internet, email, SMS and the like. Accordingly, new names are created such as Customer Care Center, Multimedia Call Center and Interaction Center.

There are call centers to handle only the incoming calls (inbound) and those of which calls are made (outbound). A new feature (blending) allows you to switch between these two activities. Not all call centers are integrated in a company (in house). A growing number of companies outsource their call center operations to external agencies. This offers the advantage that call center activities can be integrated professionally for a short time. Another kind of outsourcing is off shoring which means outsourcing call center applications to an external enterprise abroad. Apart from the popular South East Asian countries also Eastern European countries like Poland and the Czech Republic are now in demand.

The development of the call center industry can be verified with reference to further facts. The number of call centers, of social security contributions and of the sales volume has grown rapidly especially in recent years. Today the core industries include energy, telecommunication and media industries and financial services.

The locations of call center companies are also subject to development. While at the beginning of the 90s there was almost no economic activity in Eastern Germany, now many locations are available. This was mainly Mecklenburg-Vorpommern to establish a call center location due to favorable site-related factors. The once popular locations are also those of today. These include the Rhine-Ruhr-Area and the regions of Berlin, Frankfurt/Main, Hamburg and Munich.

The call center technology of the 90s is still applied. The main components are Automatic Call Distribution, Computer Telephony Integration, Predictive Dialing and Interactive Voice Response. Of course, these technologies are adapted constantly with the latest trends but the basic functions remain unaffected. In regular trainings to staff the necessary knowledge for technology changes is taught. In addition to that, staff trainings qualify continuously the employees for the call center work.

Thus, call centers have undergone a change in many directions. The further development of this industry is obviously dependent on the use of media.

Literaturverzeichnis

Aspect Software GmbH (2009): Contact Center-Trends 2009. Der Einfluss von Unified Communications auf den Kundenkontakt. Marktstudie. <http://www.cc-trends.de/2009/index.asp> abgerufen am 21.09.2010.

Bergevin, Réal (2007): Call Center für Dummies. Weinheim: WILEY-VCH.

Call Center Forum Deutschland e.V. (CCF) (2010): Unsere Mitglieder. <http://www.call-center-forum.de/index.php?id=94> abgerufen am 03.09.2010.

CallCenterProfi (Hrsg.) (2010): CallCenterProfi-Ranking 2010. Das Jahr des Kräftemessens. <http://callcenterprofi.de> kostenpflichtiger Beitrag, abgerufen am 13.10.2010

CallCenterProfi (Hrsg.) (2009): CallCenterProfi-Ranking 2009. Alle Zeichen auf Wachstum. <http://callcenterprofi.de> kostenpflichtiger Beitrag, abgerufen am 13.10.2010

CallCenterProfi (Hrsg.) (2007): Serie: Call Center-Regionen in Deutschland. <http://www.call centerprofi.de> kostenpflichtige Beiträge, abgerufen am 10.10.2010.

Cleveland, B. (2008[4]): Call Center Management On Fast Forward. Succeeding in Today's Dynamic Customer Contact Environment. Princeton, USA: ICMI Press.

DeHaan, P. (2010a): Offshore Call Centers. <http://www.startacallcenter.com/overview/ off-shore.html> abgerufen am 01.10.2010.

DeHaan, P. (2010b): Outsourcing Call Centers. <http://www.startacallcenter.com/overview/ outsourcing.html> abgerufen am 01.10.2010.

Emde, P./Wissdorf, J. (2001): Vom Call Center zum Communication Center: Einsatzbereiche, Anwendungsvorteile, Technologien. In: Jahnke, J./Rabbe, G. (Hrsg.) (2001): Praxishandbuch Call Center. Fachwissen kompakt für Agents und Management. Ein Handbuch der Call Center Akademie NRW. Marl: ecmc Europäisches Zentrum für Medienkompetenz, 129-190.

Florl, M. (2001): Aufgaben in Call Centern. In: Jahnke, J./Rabbe, G. (Hrsg.) (2001): Praxishandbuch Call Center. Fachwissen kompakt für Agents und Management. Ein Handbuch der Call Center Akademie NRW. Marl: ecmc Europäisches Zentrum für Medienkompetenz, 25-40.

Fojut, S. (2008): Call Center Lexikon. Die wichtigsten Fachbegriffe der Branche verständlich erklärt. Wiesbaden: Dr. Th. Gabler.

Gahrau, J. M. (2004): Mecklenburg-Vorpommern, das Land der Call-Center. In: Zeitschrift der Industrie- und Handelskammer zu Rostock (15)12, 4-5.

Gräf, P. (2000): Innovation Telearbeit und Call-Center-Standorte. In: Deiters, J./Gräf, P./Löffler, G. (Mit-Hrsg.) (2000): Nationalatlas Bundesrepublik Deutschland - Verkehr und Kommunikation. Heidelberg: Spektrum Akademischer Verlag, 106-107.

Grasemann, M. (2005): Chancen und Risiken der Internationalisierung: Trend Offshore-Outsourcing. In: Deutscher Direktmarketing Verband e.V. (Hrsg.) (2005): Call Center Jahrbuch 2005. Würzburg: Haufe Fachmedia, 16-19.

Halves, J.-P. (2001): Call Center in Deutschland. Räumliche Analyse einer standortunabhängigen Dienstleistung. Sankt Augustin: Ansgard-Verlag (= Bonner Geographische Abhandlungen 104).

Jahnke, J./Spielhagen, E. (2001): Der Call Center-Markt in Deutschland - Strukturen, Prognosen und Trends. Marl: ecmc Europäisches Zentrum für Medienkompetenz.

Kjellerup, N. (1999): The Coming Call Centre Boom in Asia. In: Call Center Managers Forum. <http://www.callcentres.com.au/Asiaboom.htm> abgerufen am 26.09.2010.

Körs, A./v. Lüde, R./Nerlich, M. R. (2002): Call Center Markt Deutschland - Das Fallbeispiel Hamburg. Münster: LIT (= Wirtschaft - Arbeit - Technik 1).

Menzler-Trott, E. (1999): Call Center-Management. Ein Leitfaden für Unternehmen zum effizienten Kundendialog. München: C. H. Beck.

Mindermann, A./Schubert, C./Prümm, K.-H. (1999): CTI und Call Center. Unternehmen im Wandel der Kommunikation. München: Addison Wesley.

Oberlindober, H. (2001): Die globale Warteschleife. Call-Center: Kunden und Beschäftigte in der Servicefalle. Eine Polemik. Hamburg: Discorsi.

Reese, N. (2009): „Wir leben in einer anderen Zeitzone!" Transnationale Arbeitsplätze und die glokalisierte Zwischenklasse am Beispiel der Philippinen. In: Geographische Rundschau 61(19), 20-25.

Schümann, F. (2002): Arbeitszufriedenheit und Wirtschaftlichkeit von Call-Centern. Eine Untersuchung der Wirtschaftlichkeit von Inbound-Call-Centern unter besonderer Berücksichtigung der Auslastung. Hamburg: Dr. Kovač (= Innovatives Dienstleistungsmanagement 11).

Statistische Ämter des Bundes und der Länder (2010a): Statistisches Unternehmensregister. Klassifikation der Wirtschaftszweige. Unternehmen nach Wirtschaftsabschnitten und Größenklassen der sozialversicherungspflichtig Beschäftigten in den Berichtsjahren 2004, 2005, 2006 und 2007. Daten wurden auf Anfrage im August und September per Email zugesandt.

Statistisches Bundesamt Deutschland (DESTATIS) (2010b): Arbeitsmarkt. Was sind sozialversicherungspflichtig Beschäftigte? <http://www.destatis.de/jetspeed/portal/cms/Sites/desta-tis/Internet/DE/Content/Publikationen/STATmagazin/Arbeitsmarkt/2008__1/WW__Sozialversicherungspflichtige,templateId=renderPrint.psml> abgerufen am 07.10.2010

Statistisches Bundesamt Deutschland (DESTATIS) (2010c): Klassifikation der Wirtschaftszweige. Mit Erläuterungen. <http://www.destatis.de/jetspeed/portal/cms/Sites/destatis/Internet/DE/Content/Klassifikationen/GueterWirtschaftklassifikationen/klassifikationwz2008__erl,property=file.pdf> abgerufen am 11.10.2010.

Telemarketing Initiative Mecklenburg-Vorpommern e.V. (TMI) (2010): Unternehmen der Region stellen sich vor. <http://tmi-mv.de/index.php?option=com_content&task=view&id=53&Itemid=70> abgerufen am 10.10.2010.

Thieme, K. H./Steffen, W. (1999): Call Center. Der professionelle Dialog mit dem Kunden. Landsberg/Lech: Moderne Industrie.